현대의학으로 풀리지 않는 난치병 세계!
〈내 몸을 살리는〉 시리즈를 통해 명쾌한 해답과 함께,
건강을 지키는 새로운 치료법을 배워보자.

건강을 잃으면 모두를 잃습니다. 그럼에도 시간에 쫓기는 현대인들에게 건강은 중요하지만 지키기 어려운 것이 되어버렸습니다. 질 나쁜 식사와 불규칙한 생활습관, 나날이 더해가는 환경오염…… 게다가 막상 질병에 걸리면 병원을 찾는 것 외에는 도리가 없다고 생각해버리는 분들이 많습니다.

상표등록(제 40-0924657) 되어있는 〈내 몸을 살리는〉 시리즈는 의사와 약사, 다이어트 전문가, 대체의학 전문가 등 각계 건강 전문가들이 다양한 치료법과 식품들을 엄중히 선별해 그 효능 등을 입증하고, 이를 일상에 쉽게 적용할 수 있도록 핵심적 내용들만 선별해 집필하였습니다. 어렵게 읽는 건강 서적이 아닌, 누구나 편안하게 머리맡에 꽂아두고 읽을 수 있는 건강 백과 서적이 바로 여기에 있습니다.

흔히 건강관리도 노력이라고 합니다. 건강한 것을 가까이 할수록 몸도 마음도 건강해집니다. 〈내 몸을 살리는〉 시리즈는 여러분이 궁금해 하시는 다양한 분야의 건강 지식은 물론, 어엿한 상표등록브랜드로서 고유의 가치와 철저한 기본을 통해 여러분들에게 올바른 건강 정보를 전달해드릴 것을 약속합니다.

내 몸을 살리는
혈행 건강법

송봉준 지음

모아북스
MOABOOKS

저자 소개

송봉준 e-mail: twinf1@hanmail.net

현재 원광대 식품생명공학과 교수이며 한약학 박사다. 경기대에서 이학석사와 원광대학교 약학대학에서 한약학을 전공했다. 임용 전 현대인들의 건강증진을 위해 종근당건강연구소장, (주)동일연구소장, 원광제약(주)생약발효연구소장을 역임했으며, 저서로는《건강기능식품학》(2019년 발행), 《내 몸을 살리는 게르마늄》, 《몸에 좋다는 영양제》, 《부아메라의 기적》 외 다수의 저서가 있다.

내 몸을 살리는 혈행 건강법

초판 1쇄 인쇄   2024년 01월 22일
1쇄 발행   2024년 01월 30일

지은이	송봉준
발행인	이용길
발행처	**모아북스** MOABOOKS

관리	양성인
디자인	이룸

출판등록번호	제 10-1857호
등록일자	1999. 11. 15
등록된 곳	경기도 고양시 일산동구 호수로(백석동) 358-25 동문타워 2차 519호
대표 전화	0505-627-9784
팩스	031-902-5236
홈페이지	www.moabooks.com
이메일	moabooks@hanmail.net
ISBN	979-11-5849-233-5 03570

모아북스 는 독자 여러분의 다양한 원고를 기다리고 있습니다.
(보내실 곳 : moabooks@hanmail.net)

왜 혈행 건강법인가?

현대 의학은 눈부시게 발전하고 있지만 각종 질병의 종류는 줄어들지 않고 환자의 수도 줄어들지 않는다. 인간의 평균수명이 늘어나 백세시대라고 하지만 인생의 절반 이상을 질병과 싸우고 있다. 그 원인은 무엇일까?

의학은 끊임없이 발전하는 것은 사실이다. 의료 기술의 발달과 더불어 질병의 진단은 불과 10년 전, 20년 전과 비교해도 정확도가 높아졌고 종양을 비롯한 질병의 원인을 조기에 발견할 수 있는 검사 기술도 발달하였다. 복잡한 수술법과 응급의료 분야에서도 인류의 의료 기술은 하루가 다르게 진보하고 있다.

문제는 만성질환이다. 고혈압, 동맥경화 같은 심혈관 질환, 간염, 당뇨병, 천식, 염증성 질환 등 예방도 치료도 쉽지 않은 수많은 난치성 질환과 만성 질환은 여전히 현대의학의 난제로 남아 있다. 이러한 만성 질환의 대부분은 혈행이 건강하지 못해서 발생하는 경우가 많다.

그러나 현대 의학에서의 치료법은 아직까지 한계가 있으며, 그 원인을 뿌리 뽑는 방법을 아직까지 찾아내지 못하고 있다. 예컨대 고혈압 환자에게는 혈압을 낮추는 약이나 혈관확장제를 처방하고, 혈전으로 인한 질환에는 관상동맥확장제를 통해 혈관을 넓히는 치료를 한다. 당뇨병에는 인슐린을 주사한다. 증상에만 대응하는 이러한 치료법은 다양한 질병을 근본적으로 예방하거나 치료해주지는 못한다. 그러나 혈행 건강에 관한 한, 이미 발생한 질병으로 인한 증상을 억제하는 것으로는 분명히 한계가 있다.

혈행이란 무엇인가?

혈행은 혈액이 혈관을 통해 신체의 각 부분으로 이동하는 것을 말한다. 이때 혈중 중성지질은 나쁜 콜레스테롤 생성을 촉진하고, 좋은 콜레스테롤 분해를 촉진하므로, 혈중 중성지질 수치가 높아지지 않도록 유지하는 것이 혈행 건강의 핵심이다.

현재 전 인류 사망 원인의 30% 이상을 차지하는 관상동맥성 심혈관 질환은 미국, 유럽 등 선진국에서 심각한 문제가 되었으며 개발도상국에서도 식생활의 서구화, 운동 부족 등으로 인해 점차 증가하는 추세다. 문제가 되고 있는 뇌혈관 질환도 모세혈관의 경화에서 기인하는 경우가 흔하다.

특히 혈중 콜레스테롤 농도가 높을 경우 혈관 벽에 지방과 더불어 대식세포, 포말세포 등이 생성, 침착되고 플라크가 형성되어 혈액 순환을 저해하는 동맥경화 증세가 일어나기 쉬운 것으로 알려져 있다.

혈중 콜레스테롤 양을 줄이기 위해서는 식이요법을 통해 콜레스테롤과 지방 성분의 섭취를 줄이는 방법 이외에, 간에서 활발하게 진행되는 콜레스테롤 생합성 속도를 늦춤으로써 혈중 농도를 낮추는 방법도 있다.

국내에서는 생약제, 채소류, 과일류 등 심혈관 질환 예방 효과를 보이는 것으로 보고된 재료로부터 약리활성 물질을 집중적으로 추출하기 위한 시도를 하였으며, 최근 연구 결과에 의하면 특히 감귤류의 과피 추출물로부터 분리·정제된 헤스페리딘과 나린진이 혈중 콜레스테롤과 중성지방(트리글리세라이드)을 현저하게 감소시킬 수 있다는 사실을 발견하였다.

이 책에서는 혈행 건강법의 원리와 작용을 알아보고 혈행을 건강하게 유지하기 위해 필수적인 영양성분의 종류와 최신 연구 결과에 의한 과학적인 효과에 대해서도 소개하고자 한다. 혈행 건강법의 실천은 지금이라도 늦지 않았다. 혈행 건강을 관리하고 예방함으로써 각종 만성질환으로부터 자유로워질 수 있다.

송봉준

혈행 건강 자가진단

다음과 같은 증상이 있다면 심장과 혈관, 혈행 건강에 적신호

- 안색이 안 좋다는 이야기를 자주 듣는다.

- 다크서클이 늘 생긴다.

- 두통이 자주 생긴다.

- 어깨나 목이 뻣뻣하고 결린다.

- 어지럼증이 있다.

- 만성피로가 있고 몸이 늘 무겁다.

- 심장이 자주 두근거리거나 가슴이 답답하다.

- 고혈압이 있다.

- 멍이 잘 생긴다.

- 한번 상처가 생기면 잘 낫지 않는다.

- 눈이 침침하고 안구건조증이 있다.

- 눈곱이 잘 끼고 눈이 자주 충혈된다.

- 입 안이 잘 마르고 잇몸, 혀의 색깔이 창백하다.
- 입술에 핏기가 없다.
- 검버섯, 기미 등이 늘어난다.
- 뾰루지, 성인 여드름 등이 잘 생긴다.
- 피부가 거칠고 각질이 잘 일어난다.
- 코피가 자주 난다.
- 건망증이 심해지고 깜빡깜빡 한다.
- 우울하고 감정기복이 있고 예민해진다.
- 숙면을 취하지 못하고 자주 깬다.
- 소화가 잘 안 되고 속이 더부룩하다.
- 감기나 독감에 자주 걸린다.
- 수족냉증이 있고 몸이 차다.
- 얼굴이나 손발이 잘 붓는다.
- 알러지 질환이 잘 생긴다.
- 손톱에 흰 줄이 생겼거나 손톱이 잘 깨진다.
- 머리숱이 적어지고 머리카락이 잘 빠지고 탈모가 심해진다.

| 차례 |

1장 내 몸이 자꾸 병드는 원인은

1. 오늘 먹은 음식에 문제가 있다

당신이 무엇을 먹고 사느냐가 곧 당신의 삶을 말해준다. 전통 의학에서도 음식이 피가 되고 살이 된다는 말이 있듯이, 우리가 매일 먹는 음식의 질이 우리의 건강을 결정한다고 해도 과언이 아니다.

현대 의학에서도 질병은 우리 몸에 외부의 이물질이 침투했거나, 몸의 각 기관의 세포가 제 역할을 못하고 있는 상태로 정의한다.

질병은 세포에 문제가 생긴 것

예를 들어 바이러스나 세균 같은 병원균으로 인해 어

느 장기에 병변이 생긴 것을 염증이라고 한다. 이 염증을 치료하기 위해서는 항생제를 투여해서 외부 침입자를 제거하는 것이 현대 의학의 대부분의 치료방법이다.

만약 그 염증이 외부에서 침투한 병원균 때문이 아니라 세포 자체의 면역 이상이나 비정상적 증식 때문이라면 그 부분을 떼어내는 수술을 하거나, 면역을 억제시키거나, 화학요법이나 방사선을 이용해 치료한다.

세포에 영양소를 공급하는 음식의 중요성

즉 어느 부위에 생겼느냐의 차이일 뿐, 인체의 질병은 궁극적으로 세포에 문제가 생긴 것이라고 할 수 있다.

세포에 영양소와 산소를 공급해 정상적으로 작동하게 하고, 노폐물을 운반해 외부로 배출시키는 역할을 하는 것이 바로 혈액, 혈관, 그리고 이 모두를 아우르는 혈행이라고 할 수 있다.

그리고 세포에 공급하는 영양소는 우리가 먹는 음식물로부터 온다. 따라서 모든 질병이란 혈액이 제대로 순환하지 못하거나, 혈액 자체가 더러워졌거나, 세포 작용에 의한 찌꺼기가 혈관을 통해 배출되지 못해서 생긴다. 궁극적으로 모든 질병은 잘못된 음식과 그로 인한 잘못된 순환에서 온다고 할 수 있다.

2. 맛있다고 먹은 음식이 암 환자를 만든다

과연 우리는 몸에 맞는 식생활을 하고 있는가?

전문가들의 연구에 의하면 사실 현대인의 신체 상태와 식생활은 서로 부합하지 않는다고 한다.

300만 년 전 인류가 나타나 지금까지 진화해오는 동안, 인간이 지금처럼 육류와 유제품을 많이 섭취하고, 인공 화학성분으로 범벅이 된 음식을 거의 매일 먹게 된 것은 20세기 중반 이후의 짧은 시간 동안이었다.

즉 현대인이 오늘날 일반적으로 섭취하는 음식은 인류가 수백만, 수십만, 수만 년 동안 먹지 않았던 식단이라고 할 수 있다.

인류가 한 번도 먹지 않은 음식

산업화가 본격화된 20세기 중반 이후 식재료의 대량 생산과 국제적인 유통이 가능해졌다. 그 덕분에 현대인 은 불과 50여 년 만에 이전보다 육류는 10배, 유제품은 20배, 달걀은 8배 더 많이 섭취하게 되었다. 그에 비해 채소, 잡곡, 뿌리채소 등은 훨씬 적게 섭취하게 되었다.

왜냐하면 지금처럼 축산물, 농산물, 가공식품이 대 량생산되기 전에는 육류, 달걀, 유제품, 정제한 탄수화 물로 만든 가공식품을 일상적으로 섭취할 수 없었기 때문이다.

고단백, 고지방 음식이 미치는 영향

이런 식습관은 특히 서구권을 중심으로 짧은 시기 동 안 일반화되었다. 고단백, 고지방, 저탄수화물의 서구식 식단이 정착된 것이다.

이런 식단은 서구권만이 아니라 서구권 이외의 전 세

계 문화권으로 퍼져나갔다. 전쟁이 끝난 후 불과 50여 년 전까지만 해도 식량난에 시달렸던 우리나라 사람들도 최근 수십 년간 서구화된 식단, 가공음식 위주의 식단에 빨리 익숙해졌다.

그리고 이러한 식단 변화가 질병을 만연하게 했다.

100년 전에는 지금처럼 먹지 않았다

1940년대까지 미국인에게는 위암 사망률이 가장 높았다. 그러나 이후 산업화와 대량생산의 식단이 일반화되면서 암의 지형이 달라졌다. 유방암과 대장암, 난소암, 전립선암, 폐암이 증가한 것이다.

특히 성인병과 심혈관 질환은 전형적인 서구권의 질병이라고 할 수 있는데, 심근경색과 뇌졸중의 경우 처음에는 서양인의 사망 원인 1위였으나 점차 한국, 일본을 포함한 동아시아권 국가들에서도 급증한 양상이 나타난다.

심혈관 질환과 암의 지형 변화가 의미하는 것

암과 심혈관 질환의 발병률과 사망률의 변화는 질병이 인종에 따른 것이 아니라 무엇을 먹고 어떤 생활을 하느냐에 따라 달라짐을 의미한다. 이전의 수만 년 동안 많이 먹지 못했던 육류와 유제품, 몸에 안 좋은 기름과 지방을 갑자기 과다 섭취하게 되고, 잡곡과 뿌리채소는 너무 적게 먹게 되었으며, 각종 화학물질과 합성물질 덩어리나 다름없는 가공음식을 전에 없이 많이 먹게 되었다.

이러한 식단 변화는 심혈관 질환과 암의 발병 위험을 높이고 사망률도 높아졌다. 현대 의학이 발전하고 있지만 질병의 종류와 양상은 더욱 다양해지게 되었다. 우리가 매일 일상적으로 먹는 음식이 어쩌면 질병의 원인이라고도 할 수 있는 것이다.

현대인의 만성 질환 원인은 과식이다

한마디로 우리의 몸은 영양 과잉, 지방 과잉에 시달리며 과부하에 걸려 있다고 할 수 있다. 과잉 섭취한 단백질과 지방을 어떻게 처리할지 몰라 염증과 질환에 시달리고, 부족한 비타민과 식이섬유로 인해 장기의 기능은 저하되었다. 부족한 운동량으로 인해 칼로리가 잘 쓰이지 못하고 독소로 변해 몸속에 머물게 되었다.

당분 과잉으로 인한 당뇨병, 혈액 속의 과잉 지방으로 인한 고지혈증과 지방간, 혈액 속 노폐물과 혈관 손상으로 인한 고혈압, 심근경색, 동맥경화 같은 심혈관 질환 증가는 질병의 서구화이자 현대화라 할 수 있다. 동물 실험에서도 영양이 과잉되어 비만한 쥐는 야윈 쥐보다 암 발병률이 높다.

인간은 본능적으로 배불리 먹고 싶어하며, 본능적으로 당분과 단백질, 지방을 많이 섭취하고 싶어한다. 그 이유는 수만 년 동안 배불리, 고지방을 맘껏 섭취하지 못하고 살아왔기 때문이다. 배불리 먹게 된 지금 오히려 우리의 건강은 위협받고 있다.

3. 식습관이 혈행 건강을 망가뜨린다

인간의 신체는 물과 단백질로 구성되어 있으며, 당과 지방에서 에너지를 얻고, 각종 비타민과 미네랄을 통해 화학반응의 균형을 유지한다. 우리가 알고 있는 필수 영양소란 인체의 구성물과 기능에 꼭 필요한 요소들로 이루어진 것이다.

만약 이러한 영양소의 균형이 깨지거나, 어느 한 가지가 과잉되거나 결핍되면 인간의 몸은 제대로 기능하지 못하고 질병이 생긴다. 또한 인간의 장기와 각 부분의 구성물은 인간의 몸에 필요한 영양소를 흡수하고 소화하고 배출할 수 있도록 진화되었다.

인류는 육류와 지방을 많이 먹지 않았다

그 대표적인 예로 들 수 있는 것이 위와 장, 그리고 치아이다.

첫째, 인간의 위와 장은 우리 몸에 필요한 영양소와 에너지를 음식물을 통해 얻게 만든다.

인류가 300만 년 전에 아프리카 대륙에서 생긴 후, 아프리카 대륙을 건너 유럽 대륙과 아시아 대륙으로 퍼져나간 것은 약 5만 년 전이었다.

우랄 지역 북쪽에 정착한 유럽인은 척박한 자연환경 속에서 목축을 통해 생존하며 가축을 길들여 젖과 고기를 얻는 식생활을 해왔다. 육류를 빨리 소화하기 위해 장이 짧아졌고 그에 맞추어 몸의 형태도 몸통이 짧고 다리가 긴 체형이 되었다.

반면 따뜻하고 땅이 비옥한 곳에서 살게 된 아시아인은 주로 농경을 통해 곡식과 채소를 먹는 식생활을 해왔다. 곡물과 식물을 소화하는 데 적합하도록 몸이 적응해 왔다.

인간의 치아는 육식동물의 치아가 아니다

둘째, 치아의 형태이다.

육식동물의 치아와 초식동물의 치아의 형태가 다른 이유는 포식자가 피식자를 사냥하여 고기를 찢고 씹기 적당한 치아와, 식물을 씹기 적당한 치아의 형태가 다를 수밖에 없기 때문이다. 그런데 인간의 경우 치아의 80퍼센트 이상이 식물과 곡물을 씹는 데 적합하고, 12.5퍼센트인 4개의 송곳니만이 육식을 위한 치아로 형태가 이루어져 있다. 다시 말해, 치아의 형태만으로 보아도 인간은 육식동물과는 거리가 있다고 하는 것이다.

이처럼 인간은 장기 형태로 보나 치아 형태로 보나, 잡식동물이면서 유전적으로 육류보다 곡물과 채소를 섭취하도록 진화한 동물이다. 다만, 곡식과 식물을 얻기 어려운 지역에서 생존해온 유럽인의 경우 수만 년에 걸쳐 고기와 유제품을 소화할 수 있도록 적응한 것일 뿐이다.

서구형 식단은 동양인의 몸의 기능을 떨어뜨린다

우리가 서구식 식단을 주의해야 한다고 하는 이유는 단지 고열량이기 때문만이 아니다. 인간의 몸에 과부하를 줄 수 있는 음식을 과잉 섭취하는 것이 장기와 세포를 비정상적으로 만들며, 이런 과정이 모든 질병의 원인이기 때문이다.

같은 맥락에서 서양인에게 적절하다고 알려진 식단과 식습관, 영양학을 동양인에게도 그대로 적용해서는 안 된다.

우리나라의 경우 1970년대 이후 경제성장을 이루게 되면서 육류, 달걀, 유제품 등의 고단백, 고지방, 고열량 식품과 빵, 과자, 라면 같은 정제된 탄수화물과 화학물질로 이루어진 식품을 많이 섭취하게 되었다. 5만 년 동안 육류와 유제품에 익숙해진 서구인의 식단을 불과 50년 만에 따라 하게 된 것과 다름없다. 그리고 그에 따라 대장암, 심혈관 질환, 당뇨병, 통풍, 폐암 등 서구형 질병이 급증하였다.

서구형 질병이 급증하고 사망률 추이도 서구화되었다는 것은 잘못된 식습관으로 인해 세포의 기능, 세포에 영양소를 공급하는 혈액의 건강, 혈관과 혈행의 기능이 저하되었음을 의미한다. 따라서 우리의 몸에 맞는 식습관으로 되돌리는 것은 세포와 혈액의 기능을 정상화하는 첫 번째 키워드라 할 수 있다.

4. 부드럽게 정제한 음식물이 병을 만든다

현대인에게 나타나는 대부분의 질병은 과도한 육류와 지방 섭취뿐만 아니라 곡물을 도정하고 가공한 형태로 주로 섭취하는 데서도 온다. 도정하거나 가공한 곡물 섭취로 인해 인간의 신체가 기본적으로 요구하는 식이섬유와 다양한 영양소가 부족해졌기 때문이다.

우리는 주로 흰 쌀로 지은 밥, 흰 밀가루로 만든 빵과 면, 백설탕이 든 빵과 과자 등의 간식을 많이 먹는다. 이처럼 흰 쌀, 흰 밀가루, 흰 설탕은 곡물에 원래 있던 껍질과 배아를 깎아낸 상태이다.

　그러나 우리 몸에 정작 필요한 비타민과 각종 미네랄은 곡물의 배아와 껍질에 들어 있다. 그래서 이 모든 것을 다 제거한 상태의 희고 부드러운 곡물을 먹는 것은 사실상 영양소는 버리고 찌꺼기만 먹는 것이라고 해도 지나치지 않다.

도정하지 않은 곡물과 식이섬유의 중요성

　통곡물을 통해 자연스럽게 얻어왔던 중요한 비타민과 미네랄을, 정제한 곡물에서는 얻지 못한다. 때문에 우리 몸속에 저장되어 있던 비타민과 미네랄을 사용해 대사활동을 할 수밖에 없다. 결국 영양소 결핍 상태가 지속된다.

　또한 채소와 뿌리채소를 통해 얻어왔던 식이섬유가 정제된 식품 섭취로 인해 현저히 줄어들었기 때문에, 대장과 혈액에서 제대로 청소되어야 할 노폐물이 체내에 그대로 쌓이게 된다.

　흰 쌀과 흰 밀가루는 입에는 달고 부드럽지만 우리 몸

에는 영양소 결핍을 불러오는 것은 물론, 나아가 질병을 유발하는 첫 번째 원인이다. 영양소 결핍이나 부족으로 인한 불충분한 대사 작용은 우리 몸속에 노폐물을 만든다. 이 노폐물은 혈액을 따라 온몸에 흐른다.

노폐물은 혈액을 따라 흐른다

식이섬유 부족과 질병의 연관성은 서양에서 이미 1970년대부터 연구되어 왔다. 식이섬유를 적게 섭취할수록 당뇨병과 고지혈증, 심혈관 질환, 암, 변비, 탈장이 증가하는 것은 이제 상식이 되었다.

혈액의 오염은 각종 난치성 질환의 출발이다. 따라서 혈액을 맑게 유지하려면 인간의 신체 특성에 맞는 식습관을 유지해야 한다. 즉 도정하지 않은 곡물, 가공과 정제를 하지 않은 자연 그대로의 음식물, 채소와 해조류에 든 식이섬유를 충분히 섭취하여 혈액을 깨끗하게 해야 근본적으로 건강을 되찾을 수 있다.

2장 모든 질병은 혈액이 혼탁해져 발생한다

1. 피가 맑아야 평생 건강하다

건강과 컨디션이 어떤지를 제일 먼저 파악할 수 있는 것은 그 사람의 안색, 즉 혈색이다. 건강이 좋지 않은 사람은 얼굴색에서부터 나타난다.

실제로 피부를 통해 나타나는 혈액의 흐름을 통해 지금 건강한 상태인지, 마음이 편안하고 스트레스가 없는 상태인지 직관적으로 파악할 수 있다. 우리말에도 '피, 땀, 눈물', '피가 끓는다', '혈기왕성하다'와 같이 혈액, 혈색과 관련된 관용어구가 많다.

혈액은 생물체의 체내 모든 세포에 산소와 영양소를 공급하고, 대사작용에서 생성된 노폐물을 호흡이나 소변 등을 통해 몸 밖으로 배출하는 역할을 한다. 질병은 세포 단위부터 생기기 때문에, 혈액이 건강하게 잘 흐르는지 여부가 한 생명체의 생존과 건강을 좌우한다.

혈액에는 건강 정보가 담겨 있다

건강검진을 할 때 가장 기본적으로 하는 것이 피검사이다. 혈액에 내부 장기와 각 신체기관에 대한 중요한 정보가 집약되어 있기 때문이다.

가령 혈액을 구성하고 있는 주요 성분 중 적혈구와 백혈구의 수치가 정상적이지 않으면 어떤 질병에 걸렸는지를 알 수 있다. 적혈구 숫자가 적으면 빈혈 진단을 하게 되고, 백혈구 중 호산구 수치를 통해 알레르기 질환 여부를 진단할 수 있다.

혈액 수치가 중요한 이유

백혈구 중 암과 싸우는 NK 세포, 항체를 만드는 림프구, 외부 병원균을 죽여 감염을 막는 호중구 수치가 정상적으로 유지되어야 우리 몸의 면역이 정상적으로 유지된다. 음식물 섭취를 통해 혈액에 전달되는 당, 지방, 비타민, 미네랄, 콜레스테롤의 양을 파악하여 당뇨병과 고지혈증, 영양소 결핍증 여부를 진단할 수 있다.

체내 염증세포가 만들어내는 단백질 여부로 염증성 질환을 파악할 수 있다.

이처럼 혈액에는 건강과 질병에 대한 수많은 정보가 담겨 있다. 따라서 혈액이 깨끗하도록, 즉 혈액 구성 성분의 수치가 정상을 유지하도록 하는 것이 건강을 좌우한다.

2. 생명과 건강은 혈액에서 온다

혈액을 구성하는 성분은 섭취하는 음식물에 의해 좌우된다. 음식물 속의 당분, 단백질, 지방, 비타민, 미네랄, 수분의 양, 그리고 폐를 통해 마신 산소가 혈액에 제공된다. 또한 체외로 배출되어야 하는 노폐물과 효소도 포함되어 있다.

혈액은 음식물을 통해 섭취한 각종 영양소를 세포에 공급하고 보호하며, 세포에서 생긴 노폐물을 다시 폐와 신장으로 보내는 일을 한다.

혈액이 오염되면 악순환이 발생한다

노폐물이 제때 제대로 배출되지 않아 혈액 속을 떠돌아다니는 상태는 몸의 기능에 이상이 생긴 것이라 할 수 있다. 말 그대로 '피가 더러워진' 상태가 된다. 혈액에 노폐물이 필요 이상으로 부유하여 오염된 상태가 되면 세포는 영양소와 산소를 제대로 공급받지 못해 악순환이 일어난다.

결국 혈액의 오염도를 통해서 질병의 유무를 파악할 수 있으며, 혈액의 어떤 구성 성분에 문제가 생겼는지를 알면 어떤 질병인지를 진단할 수 있다.

생명 탄생의 신비는 혈액에 있다

인류와 동물이 생기기 전, 최초에는 바다에서 탄생한 단세포생물이 있었다. 단세포생물은 세포분열을 하여 다세포생물이 되었으며, 다세포생물은 바닷속에서 다양한 동식물이 되었고, 그중 일부가 육지로 올라와 또 다시 수많은 동식물로 뻗어나갔다.

인간을 포함해, 육지생활을 하게 된 포유류도 뱃속의 태아는 마치 바닷속 생물인 것처럼 헤엄을 치며 지낸다. 더 이상 물에서 살지 않게 되었지만 바닷물과도 같은 곳에서 성장하며 수분의 형태를 통해 영양분을 공급받는 것이다.

혈액은 곧 생명을 태어나고 성장시키는 바닷물과도 같은 근원이라 할 수 있다.

3. 혈관이 늙으면 온몸이 늙는다

인간의 신체는 평생에 걸쳐 노화를 향해 나아가며, 노화가 진행됨에 따라 혈관도 자연스럽게 노화한다.

그러나 노화 외의 다양한 원인들로 인해 혈관 내벽이 손상되거나, 혈관이 비정상적으로 좁아지거나, 혈액에 노폐물이 많아져 끈끈한 혈액이 될 경우 혈관과 혈액이 제 기능을 하지 못하여 치명적인 질병이 발생한다.

예를 들어 혈액 속에 적절한 비율로 존재하는 지질은 세포의 막을 만들어주고 혈관을 튼튼히 해주어 꼭 필요한 일종의 기름 성분이다. 그런데 과도한 육류와 지방 섭취로 혈액 속에 기름기가 너무 많아지면 '고지혈' 즉, 피 속에 기름기가 너무 많아져 고지혈증에 걸린다. 고지혈증은 혈액이 오염된 대표적인 질병으로 각종 성인병과 심혈관 질환의 원인이다.

혈행 건강은 사망률과 직결된다

또한 튼튼해야 할 혈관이 비정상적으로 가늘어지고 좁아져 세포에 영양소와 산소를 제대로 운반하지 못하면 그만큼 혈관 노화와 신체 노화가 빨라지고 각종 질병이 발생하는데, 이것이 동맥경화증이다. 동맥경화증은 동맥의 내벽에 노폐물과 과잉된 콜레스테롤이 들러붙은 상태가 된 것이다. 동맥의 내벽에 상처가 생겨 그 부위가 부풀어 오르는 것은 동맥류이다.

이러한 혈관과 혈액 문제가 뇌혈관에 생기는 것이 뇌경색과 뇌졸중으로, 흔히 중풍이라 일컫는 무서운 질병이 된다. 심혈관 질환과 뇌혈관 질환은 전 세계적으로도 사망률 1위를 차지하는 심각한 질병으로 꼽힌다.

피를 맑게 하고 혈관을 건강하게 유지하려면 식생활과 생활습관이 가장 중요하다. 현대인은 평소 섭취하는 음식물이나 살아가는 환경에 있어 혈액을 오염시키기 쉬운 위험에 놓여 있으므로 주의하여 관리하지 않으면 혈관이 노화되고 크고 작은 질병에 걸리기 쉽다.

잘못된 생활습관은 혈액의 모양도 바꾼다

혈액의 원활한 흐름을 의미하는 혈행의 건강은 인종, 성별, 연령보다는 무엇을 먹고 어떻게 생활하느냐에 따라 직접적으로 영향을 받는다.

물론 인간의 신체는 매 순간 노화하며 우리 몸의 노화에 따라 혈관도 노화하고 각 장기도 노화하는 것은 사실이다. 그럼에도 불구하고, 적절한 영양을 섭취하고 건강한 생활습관을 유지하는 노인의 혈행 건강과, 불규칙한 생활을 하고 영양 과잉이나 결핍 상태에 있는 젊은 사람의 혈행 건강을 비교해보면 노인의 건강이 젊은이의 건강을 능가할 것이다.

혈액은 우리 몸의 모든 세포에 산소와 영양소를 공급하는 역할을 하기 때문에, 혈액이 깨끗하고 혈액의 흐름이 원활해야 우리 몸의 건강과 아름다움과 활력을 유지할 수 있다.

찌그러진 적혈구, 팽창된 적혈구, 찌꺼기가 가득한 혈액...

이와 관련해 많은 연구자들은 혈액의 형태를 살펴본 결과, 각종 질병이 혈액의 형태 자체를 변형시킨다는 것을 발견하였다.

예컨대 암에 걸린 사람의 혈액을 살펴보면 적혈구가 원반 모양이 아닌 형태로 변형되어 있다. 당뇨병 환자이거나 비만인 경우 적혈구가 팽창되어 있으며, 간 기능이 저하된 사람의 적혈구는 크기가 작아지거나 불규칙해진다. 노폐물 배출이 되지 않고 변비가 있고 체내 독소가 쌓인 사람은 적혈구에 돌기가 생기고 혈액이 혼탁해지며, 평소 스트레스가 많고 만성피로를 호소하는 사람은 혈액 속에 없어야 할 찌꺼기가 떠다니는 모습을 관찰할 수 있다.

이처럼 식습관과 생활습관, 질병과 혈액의 상태는 모두 밀접하게 연결되어 있다. 혈액과 혈관 건강이 모든 건강의 지표인 이유이다.

3장 피가 혼탁하여 발생하는 질병들

1. 심혈관 질환

- 심장과 동맥에 생기는 질환을 통틀어 가리킴.
- 고혈압, 심근경색, 동맥경화증, 뇌졸중, 부정맥, 협심증,
  허혈성 심장 질환, 관상동맥 질환, 뇌혈관 질환 등이 있음.

심혈관 질환, 혹은 심혈관계 질환이란 심장과 우리 몸 전체의 동맥에 생기는 질환을 가리킨다. 우리 몸에는 대동맥, 뇌혈관 외에도 허파, 목, 신장, 하지 등에 주요 동맥이 있으며 이 동맥의 어느 부분이 막히거나 터져 출혈이 일어나는 것을 심혈관 질환이라 부른다.

고혈압, 허혈성 심장 질환, 관상동맥 질환, 협심증, 심근경색증, 죽상경화증(동맥경화증), 뇌혈관 질환, 뇌졸중, 부정맥 등이 모두 심혈관 질환에 포함된다.

〈쉽게 이해하는 심혈관 질환〉

- 심장 근육이 제 기능을 못하면 ⇨ 허혈성 심장 질환

- 관상동맥(심장의 동맥)의 지름이 좁아지면 ⇨ 협심증

- 관상동맥이 막혀 심근이 괴사하면 ⇨ 심근경색

- 혈관에 기름이 껴 혈관 벽이 딱딱해지면 ⇨ 동맥경화

- 혈액이 혈관 벽에 가하는 힘이 너무 세지면 ⇨ 고혈압

- 뇌혈관이 막히거나 출혈이 생기면 ⇨ 뇌졸중

- 심장 근육의 수축, 이완이 불규칙하거나 느려지면 ⇨ 부정맥

2. 협심증과 심근경색증

- 관상동맥(심장의 혈관)에 질환이 생긴 것.

- 관상동맥의 문제로 심장 근육에 산소가 공급되지 않아
  심근이 제 기능을 못하는 것.

- 관상동맥 질환 = 허혈성 심장질환

- 관상동맥이 좁아져 생기는 협심증.

- 관상동맥이 막혀 심장근육이 괴사하는 심근경색증.

심장의 동맥인 '관상동맥'은 우리의 생명을 유지하는 심장의 근육에 산소와 영양분을 공급하는 통로다. 이 통로에 문제가 생기는 것을 통틀어 관상동맥 질환이라고 하며, 다른 말로 허혈성 심장 질환이라고도 부른다.

관상동맥에 문제가 생겨 심근(심장의 근육)이 제 기능을 못하게 되어 생기는 대표적인 질환은 협심증과 심근경색증이 있다.

관상동맥이 좁아져 생기는 협심증

관상동맥의 지름이 좁아지면, 심장의 근육이 제대로 작동하는 데 필요한 혈액과 영양분이 충분히 공급되지 않는다. 이런 경우 평소에는 잘 느끼지 못하더라도, 갑자기 운동이나 활동을 하여 심장 근육이 활발히 움직여야 할 때 빠르게 공급되어야 할 혈액이 부족해지는 사태가 일어난다.

그 순간 '가슴이 답답한 느낌' 혹은 '가슴이 조이는 느낌' 같은 극심한 통증을 느끼게 되는데, 이것이 협심증이다.

심근이 괴사하면서 극심한 통증이 오는 심근경색

혈액이 탁해지고 찌꺼기가 쌓여 혈전이 생기면 어느 순간 관상동맥이 막히기 시작한다. 이렇게 막힌 상태가 지속되면 결국 심장의 근육의 괴사가 진행된다. 말 그대로 심장 근육이 썩는 것이다. 이것을 심근경색이라고 한다.

심근이 괴사하면 가슴을 쥐어짜는 듯한 극심한 통증과 함께 호흡곤란이 오고 식은땀이 나는데, 이러한 증상으로 응급실로 이송되는 환자의 10퍼센트 정도가 병원에 도착하기도 전에 사망할 정도로 무서운 질환이다.

그래서 평소 심장 질환이 있는 사람은 가슴 중앙이 조이는 듯한 느낌과 함께 가슴의 왼쪽에서 왼쪽 어깨, 왼쪽 팔까지 통증이 퍼져나가는 느낌이 들면 곧바로 응급실에 내원해야 한다.

전 세계 사망 원인 1위이자 한국인의 사망 원인 2위 '허혈성 심혈관 질환'

우리 몸의 모든 근육은 혈관을 따라 공급되는 혈액에 의해 산소와 영양분을 제공받고 노폐물과 이산화탄소를 내보낸다. 심장은 바로 근육으로 이루어져 있기 때문에, 심장에 산소와 영양분이 매 순간 충분히 공급되고 있는지가 생명 유지의 관건이다.

따라서 심장 근육에 혈액이 제대로 공급되지 못해서 생기는 허혈성 심장 질환, 혹은 허혈성 심혈관 질환은 생명과 건강에 직격탄이라 할 수 있다. 이 질환이 우리나라를 포함해 전 세계에서 주요 사망 원인이라는 사실은 현대인의 혈관 건강이 매우 위험한 수준임을 알려준다.

가슴 통증뿐만 아니라 소화불량, 무증상도 주의

허혈성 심장 질환의 경우 주로 가슴을 쥐어짜는 듯한 극심한 통증으로 나타나지만, 경우에 따라서는 아무 증상 없이 진행되기도 한다. 혹은 소화불량이나 메스꺼움, 어지럼증으로 나타나기도 하며, 왼쪽 팔이나 어깨, 목으로 통증이 퍼지기도 한다.

스트레스가 심할 때, 갑자기 운동량이 많을 때나 급격한 활동을 할 때, 기온 차이가 심한 환절기에 허혈성 심혈관 질환이 주로 발생하므로 특히 유의해야 한다. 예전에는 중년부터 노년에 있는 사람들에게 발발하는 질환으로 알려져 있었지만 서구화된 식습관과 스트레스 많은 생활습관의 요인 등으로 요즘에는 젊은층에서도 발생하는 추세다.

심혈관 질환 예방은 식습관에 있다

허혈성 심장 질환은 고혈압, 당뇨병 같은 지병이 있을 때, 가족력이 있을 때, 흡연할 때 발생률이 높아진다. 자극적이고 짜게 먹는 식습관, 잦은 음주, 운동 부족도 허혈성 심장 질환의 위험 요인이다.

따라서 자극적이지 않은 자연식 위주의 식단, 육류를 줄이고 생선과 채소를 늘린 식습관, 금연과 금주, 규칙적인 운동과 휴식 등을 통해 심혈관 질환을 예방할 수 있다.

〈출처: 보건복지부〉

3. 동맥경화증

- 혈관 벽에 기름과 찌꺼기가 쌓여 혈관이 좁아지고 딱딱해지고 막히는 병.
- 동맥경화증 = 죽상경화증
- 허혈성 심장 질환, 뇌졸중, 신부전 등을 일으킴.

동맥경화증은 혈관에 기름이 쌓여 혈관 벽이 좁아지고 딱딱해지다 결국 막혀서 생기는 질환을 가리킨다.

혈관의 안쪽 벽에 콜레스테롤이 쌓이고 여기에 세포가 증식하면 해당 부위가 죽처럼 물컹거리는 '죽종' 이 형성되는데, 이 죽종 때문에 혈관 내부 지름이 좁아져 혈액 순환이 제대로 되지 못한다. 죽종으로 인해 경화가 된

다 하여 이를 '죽상경화증' 또는 '죽상동맥경화증' 이라
고도 부른다. 이렇게 죽종이 생긴 혈관은 지름은 좁아지
고, 벽은 두꺼워지고, 탄력은 줄어든다. 또 죽종을 둘러
싼 섬유성 막이 터지면 혈전이 생기고, 출혈도 발생한다.

〈동맥경화증 발생 원리〉

혈관 내벽에 콜레스테롤과 기름이 쌓임

→ 콜레스테롤+세포 증식으로 죽종이 생김

→ 혈관이 좁고 딱딱해짐

→ 혈액 순환이 제대로 안 됨

→ 심장 질환, 뇌졸중, 뇌경색, 신부전

우리 몸의 다양한 부위에서 발생

동맥경화증은 우리 몸의 다양한 부위에서 일어날 수
있으며, 어디에 생기느냐에 따라 명칭이 달라진다. 예를
들어 심장의 관상동맥에 동맥경화증이 생기면 협심증과
심근경색을 포함하는 허혈성 심장 질환이 발생하고, 뇌

동맥에 생기면 뇌경색이나 뇌졸중, 신장에 생기면 신부전, 말초혈관에 생기면 사지 허혈성 동맥질환을 일으킨다.

동맥경화증이 눈에 생기면 당뇨성 망막증이나 고혈압성 망막증이 발생하는데 이러한 질환은 실명에 이르게 할 수도 있을 만큼 위험하다.

증상이 나타나면 이미 늦다

동맥경화증은 주로 노년층에서 가장 많이 증상이 나타나지만, 혈관 노화는 이미 30세부터 서서히 진행되기 때문에 미리 예방해야 한다. 동맥경화증 증상이 심각하게 나타나는 것은 혈관이 70퍼센트 이상 좁아지거나 막혔다는 것을 의미하기 때문에 조기 진단이 매우 어렵다.

따라서 젊었을 때부터 식습관과 생활습관의 개선을 통해 혈관 관리를 하는 것이 필수이다. 한번 좁아지고 딱딱해진 혈관 벽을 건강한 상태로 회복하기가 매우 어렵기 때문이다.

동맥경화 위험인자는 다음과 같다.

- 흡연을 많이 할수록 동맥경화증 위험이 높다.
- 고혈압, 고지혈증, 당뇨병, 비만에는 동맥경화증이
  따라올 위험이 높다.
- 육류와 동물성 지방, 짜고 자극적인 음식, 기름진 음식을
  많이 섭취할수록 동맥경화증이 많이 발생한다.
- 유산소운동을 하지 않을수록 동맥경화증 위험이 높다.

동맥경화

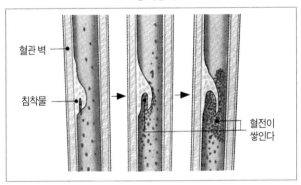

혈관 벽

침착물

혈전이
쌓인다

4. 고혈압

- 혈압: 혈액이 혈관 벽에 가하는 힘
- 고혈압: 수축기 혈압이 140mmHg 이상이거나 확장기 혈압이 90mmHg 이상인 경우
- 일차성(본태성) 고혈압 : 원인 질환이 발견되는 경우
- 이차성 고혈압 : 원인 질환이 발견되는 경우

혈압이란 혈액이 혈관 벽에 가하는 힘을 말하는 것으로, 최고혈압인 수축기 혈압과 최저혈압인 확장기 혈압으로 나뉜다. 수축기 혈압은 심장이 수축하면서 혈액을 내보낼 때 혈관에 가해지는 압력을 뜻하고, 확장기 혈압은 심장이 이완하면서 혈액을 받아들일 때 혈관에 가해지는 압력을 뜻한다.

이렇게 혈압을 쟀을 때 수축기 혈압이 140mmHg 이상이거나 확장기 혈압이 90mmHg 이상인 경우를 통상 고혈압이라고 부른다.

그러나 수축기 혈압이 120~139mmHg이라면 고혈압

진단이 아닐지라도 고혈압 전단계 혹은 주의단계에 해당되기 때문에 평소 혈압 관리를 해야 한다. 혈압에 따른 고혈압 분류를 살펴보면 다음과 같다.

고혈압 분류

혈압 분류		수축기 혈압(mmHg)		이완기 혈압(mmHg)
정상 혈압*		<120	그리고	<50
주의 혈압		120~129	그리고	<80
고혈압 전단계		130~139	또는	80~90
고혈압	1기	140~159	또는	90~99
	2기	≥160	또는	≥100
수축기 단독 고혈압		≥140	그리고	<90

* 심뇌혈관 질환의 발생 위험이 가장 낮은 최적혈압　　　〈출처: 대한고혈압학회〉

고혈압 환자의 대부분은 본태성 고혈압

고혈압은 일차성 고혈압과 이차성 고혈압으로 나뉜다. 일차성 고혈압은 본태성 고혈압이라고도 하며, 원인 질환이 발견되지 않는 고혈압을 뜻한다. 본태성 고혈압은 전체 고혈압 환자의 95퍼센트로 대부분을 차지하며,

가족력, 음주와 흡연, 비만, 잘못된 식습관, 스트레스, 운동 부족 등이 주된 요인이다. 이차성 고혈압은 특정 원인 질환에 의한 고혈압을 말한다.

5. 뇌졸중

- 뇌졸중 = 뇌혈관 질환
- 허혈성 뇌졸중과 출혈성 뇌졸중이 있음.
- 뇌혈관이 막혀서 발생하는 것: 허혈성 뇌졸중 = 뇌경색
- 뇌혈관이 터져 출혈에 의해 혈액 공급이 막히는 것:
  출혈성 뇌졸중

뇌졸중은 뇌혈관에 문제가 생겨 발생하는 질환을 일컫는다. 뇌혈관이 막혀서 발생하는 것을 허혈성 뇌졸중 혹은 뇌경색이라 하고, 뇌혈관에 출혈이 발생하여 생기는 것을 출혈성 뇌졸중이라고 한다.

허혈성 뇌졸중은 뇌혈관이 동맥경화나 혈전으로 인해

막히게 되어 뇌에 혈액이 제대로 공급되지 못하여 발생한다. 출혈성 뇌졸중은 고혈압 등의 원인으로 인해 뇌혈관 내에 출혈이 발생하고 그로 인해 뇌에 혈액이 공급되지 못하여 발생한다.

뇌졸중은 국내 4대 사망 원인

뇌출혈에는 고혈압 때문에 뇌 내의 혈관이 터져 발생하는 뇌내출혈과, 뇌 밑에 있는 거미막(지주막) 아래에 피가 고여 발생하는 거미막밑 출혈이 있다.

통계청 자료에 의하면 뇌졸중은 국내에서 암, 심장 질환, 폐렴에 이은 4대 사망 원인(2018년 기준)이다. 또한 국내 뇌졸중 환자 100명 중 뇌경색은 76명, 뇌내출혈 15명, 거미막밑 출혈은 9명이 이르는 것으로 알려졌다(2018년, 통계청).

〈뇌졸중 전조증상 미리 알기〉

① **편측 마비**: 몸의 한쪽(얼굴, 팔다리 등)이 감각이 마비되거나 힘이 없어진다.

② **언어 장애**: 말이 어눌하거나 잘 나오지 않거나 상대방의 말을 이해하기 어렵다.

③ **시각 장애**: 한쪽 눈이 잘 보이지 않거나 양쪽 눈이 잘 보이지 않는다.

④ **두통**: 원인불명의 극심한 두통이 발생한다.

⑤ **어지럼증**: 이유 없이 어지럽고 몸의 균형을 잡기 어렵고 팔다리의 조절이 어려워진다.

이거 알아요?

뇌졸중 vs. 중풍, 같은 질환인가요?

뇌혈관이 막히는 '뇌경색', 뇌혈관이 터지는 '뇌출혈'을 통틀어 뇌졸중 혹은 뇌혈관 질환이라고 한다. 이와 같은 증상의 질병을 우리나라에서는 '중풍'이라고 부른다.

중풍은 한방에서 사용되어온 용어로, 뇌졸중으로 인해 나타나는 증상을 포함해 안면마비, 파킨슨씨병, 간질 등으로 인해 나타나는 증상을 모두 포괄하여 '중풍' 이라 불렀다. 따라서 중풍은 뇌졸중보다 좀 더 범위가 큰 개념이라 할 수 있다.

6. 부정맥

- 심장의 맥박이 비정상적으로 되는 상태.
- 심장박동이 너무 빠르거나 느리거나 불규칙해지는 것.
- 심하게 두근거리거나 가슴 통증이 느껴짐.

맥박은 심장 근육이 수축과 이완을 반복하면서 생기는데, 이 맥박이 불규칙하거나 너무 빨라 두근거림이 느껴지고, 심한 경우 가슴 통증과 실신을 동반하는 것을 부정맥이라고 한다.

심장은 심장 근육의 세포에 규칙적으로 전기 자극이 전달됨으로써 수축이 이루어지는데, 1분에 규칙적으로

60회에서 100회의 전기 자극이 심근 세포에 전달되어야 심장의 수축과 확장이 제대로 이루어진다. 즉 맥박이 규칙적으로 뛴다. 부정맥은 심장의 전기 자극 생성이나 전달에 문제가 생겼을 때 발생한다.

부정맥이 생기면 혈액을 내뿜는 심장의 기능이 저하되므로 혈액량이 감소하여 현기증, 호흡 곤란이 올 수 있고 심하면 심장마비도 올 수 있다. 또한 부정맥으로 혈액 순환이 잘 안 되어 혈관 내 혈전이 발생하면 고혈압, 심근경색 등 또 다른 심혈관 질환이 동반될 위험이 높다.

후천적 요인이 부정맥의 주요 원인

부정맥은 선천성 심장병이나 유전적 요인으로도 발생하지만, 잘못된 생활습관도 유발 요인으로 작용할 수 있다. 예방을 위해서는 특히 술과 담배를 끊고, 카페인 섭취를 줄여야 한다. 비만과 고혈압, 그 밖의 연관된 심장 질환과 혈관 질환도 부정맥을 유발하므로 체중 관리와 혈관 관리가 무엇보다 중요하다.

7. 심부전

- 심장의 수축, 이완 기능이 떨어져 혈액을 제대로 공급하지 못하는 것.
- 계단을 조금 오르거나 가벼운 운동을 할 때, 누워 있을 때도 숨이 참.

심장은 평소에 마치 펌프질을 하듯이 수축과 이완을 계속하면서 혈액을 온몸에 보내고 순환시키는 역할을 한다.

그런데 혈관 속 혈행에 문제가 생기거나 노화 등의 원인에 의해 심장에 이상이 생겨 이 기능을 제대로 못하면 전신의 조직과 세포에 필요한 혈액을 공급하는 데 차질이 생긴다. 이로 인해 나타나는 증상이 심부전이다.

심장이 혈액을 제대로 보내지 못하고 혈관 속에서 혈액이 정체되어 폐혈관도 막히다 보니 제일 먼저 숨 차는 증상이 나타난다. 계단을 조금만 올라도, 가벼운 운동을 해도 숨이 가쁘고 기침이 나올 뿐 아니라, 더 심해지면

가만히 누워 있을 때에도 숨이 차고, 밤에도 갑자기 발작하듯이 숨이 찬 증상이 나타나 일상생활의 질이 떨어진다. 몸속의 혈액이 정체되고 있기 때문에 피로감도 커지고 종아리 등 하체가 잘 붓기도 한다. 심해지면 부정맥이나 뇌졸중 등 치명적인 합병증이 생길 가능성이 높다.

심부전 증상이 나타났다는 것 자체가 심혈관 기능이 현저히 떨어졌음을 의미하는데, 심부전이 발생한 후 평균 5년 생존률은 35~50퍼센트 정도에 불과할 정도로 위험하다.

낮은 강도의 유산소 운동과 저염식 식단이 필요

심부전이 생기는 가장 큰 원인은 심근경색, 고혈압 등 주로 심혈관 질환이다. 따라서 심장과 혈관, 혈행 건강을 평소에 관리해야 심부전을 예방할 수 있다.

음주와 흡연, 스트레스, 짜고 자극적인 음식의 과다 섭취는 혈행 건강을 해치는 주된 요인들이다. 따라서 금주와 금연, 저염식 식단으로 바꾸는 등 식이요법에 유의하고, 걷기 등 적당한 유산소 운동을 규칙적으로 하는 것이 도움 된다.

단, 심부전 환자에게는 고강도 운동이 오히려 위험할 수 있으므로 무리하지 않아야 한다.

〈혈행 건강의 최대 적〉

- 짠 음식, 맵고 자극적인 음식
- 인스턴트 음식, 가공 음식
- 과식, 야식
- 술, 담배
- 스트레스, 과로
- 운동을 전혀 하지 않음
- 과격한 근육 운동

8. 심장판막증

- 판막: 심장의 4개의 방과 출구 사이에 있는 문.
- 판막의 역할: 심장 내에서 혈액이 흐르는 방향을 유지시켜 줌.
- 심장판막증: 판막이 망가진 것.
- '판막협착증'과 '판막폐쇄부전증'이 있음.

심장은 좌심방, 좌심실, 우심방, 우심실의 4개의 방으로 이루어져 있다. 이 4개의 방을 주축으로 하여 혈액은 다음과 같은 경로로 순환한다.

〈심장에서 혈액이 흐르는 경로〉

좌심방→좌심실→대동맥→하대/상대 정맥→우심방 →우심실→폐동맥→폐→폐정맥→좌심방

이 구조에서 판막은 심방과 심실 출구 사이에 마치 미닫이문처럼 존재하는데, 좌심방과 좌심실 사이에 승모

판막, 우심방과 우심실 사이에 삼첨 판막, 좌심실과 대동맥 사이에 대동맥 판막, 우심실과 폐동맥 사이에 폐동맥 판막으로 4개의 판막이 있다. 삼첨 판막은 오른방실 판막, 승모 판막은 왼방실 판막이라고도 부른다.

판막이 있어야 심장에서 혈액이 일정한 방향으로 흐를 수 있다. 그런데 판막 기능에 문제가 생기면 혈액이 올바른 방향으로 흐르지 못하게 되므로 심각한 문제가 생긴다. 이것이 심장판막증이다.

판막이 좁아지거나 판막이 제대로 닫히지 않음

심장판막증에는 두 가지 종류가 있다.

1. 협착증: 판막이 좁아져 혈액이 제대로 흐르지 못함.
2. 폐쇄부전증: 판막이 제대로 닫히지 않아서 혈액이 역류함.

협착증과 폐쇄부전증은 한 가지만 발생하기도 하지만 한꺼번에 발생하기도 한다. 또한 어느 판막에 문제가 생겼느냐에 따라 승모 판막 질환, 대동맥 판막 질환, 삼첨 판막 질환, 폐동맥 판막 질환 등으로 나눈다.

　심장판막증은 경증일 때는 자가증상이 없다가, 점차 숨이 차고 호흡 곤란이나 피로감, 가슴 통증 등의 증상이 나타난다. 치료법도 경증일 때는 안정을 취하고 저염식 식사를 하며, 약물 치료나 산소 투여, 혈전이 생기는 것을 방지하기 위한 항응고제 투여 등을 한다.

　그러나 중증으로 진행되었을 때는 판막을 인공판막으로 교체하는 수술을 한다.

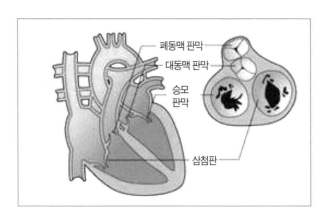

생명의 중심, 심장에 대한 미니 상식

- 심장의 크기 : 사람 주먹만 한 크기

- 심장의 무게 : 200~300그램

- 심장의 위치 : 아주 왼쪽이 아니라 가슴 정중앙에서
  약간 왼쪽으로 치우친 중앙에 있음

- 2개의 심방이 위에, 2개의 심실이 아래에 있음

- 우심방과 우심실은 앞쪽에, 좌심방과 좌심실은
  뒤쪽에 있음

- 심방보다 심실이, 우심실보다 좌심실의 근육이 더
  두꺼움

- 청진기를 가슴에 댔을 때 들리는 소리는 심장의
  판막이 닫힐 때 나는 소리임

9. 알레르기 질환

- 혈액의 면역 기능이 지나치게 과잉된 질환.
- 면역: 세균이나 바이러스 등 외부의 적을 물리치는 우리 몸의 시스템
- 항원: 세균이나 바이러스 등 외부의 침입자
- 알레르기 질환: 공격하지 않아도 되는 물질까지 과민하게 공격함

알레르기 질환이란 혈액 속의 면역 기능이 과민반응을 하여, 공격하지 않아도 되는 물질을 이물질로 인식하여 공격하면서 나타나는 우리 몸의 여러 증상을 뜻한다. 이 과정에서 피부 점막에 있는 세포가 자극이 되어 히스타민 물질을 방출하면서 점액을 과잉 분비하거나, 수축하거나, 다양한 염증이 발생한다.

〈알레르기 질환의 종류〉

- 알레르기 천식

기관지가 찬 공기나 미세먼지, 매연, 꽃가루 등 외부의 물질에 노출될 때 기관지 평활근이 수축하면서 숨이 차거나 기침이 나옴. 기관지가 좁아지면서 호흡 곤란, 쌕쌕거리는 소리, 기침의 3가지 증상이 나타남.

- 아나필락시스

알레르기성 쇼크를 가리킴. 특정 음식물이나 약물, 독성 물질 등에 노출된 후 전신에 부종, 호흡곤란, 복통, 혈압 저하, 두드러기 등이 급격히 발생하며 제대로 처치하지 못할 경우 생명이 위험할 수 있음.

- 알레르기 비염

코 점막이 특정 물질에 대해 알레르기 반응을 일으키는 것. 맑은 콧물이 물처럼 줄줄 흐르는 증상, 발작적으로 재채기를 하는 증상, 코막힘 증상, 코나 눈 주변이 가려운 증상 중 2가지 이상이 해당되면 알레르기 비염이라 할 수 있음.

- 아토피성 피부염

피부에 알레르기 반응이 나타나는 것으로, 주로 붉고 가려운 발진이 전신에 나타남. 극심한 가려움으로 인해 고통을 호소하고 생활의 질이 떨어짐.

- 알레르기 결막염

눈의 결막에 알레르기 반응이 나타나는 것. 눈이나 눈꺼풀이 가렵고, 붓고, 충혈되며, 통증, 눈물 흘림, 눈이 시린 증상 등이 나타남.

유해한 환경 요인으로 점점 증가하는 추세

알레르기 질환은 유전 요인도 있지만 다양한 연구에 의하면 서구화된 식습관을 가질수록, 오염되고 산업화된 환경일수록 발병률이 높은 것으로 나타났다. 환경에 의해 면역 체계의 균형이 깨져 발생한다는 것이다.

매연과 미세먼지 등 각종 유해물질에의 노출, 합성섬유와 화학물질에 둘러싸여 사는 생활방식, 방부제와 인공감미료가 첨가된 인스턴트식품과 패스트푸드, 육류와 지방이 많은 서구화된 음식을 주로 먹는 식습관도 알레르기 환자 증가의 원인으로 꼽히고 있다.

따라서 알레르기 질환을 예방 및 치료하기 위해서는 환경요인과 생활습관, 식습관을 개선하여 혈액의 면역체계를 바로잡을 필요가 있다.

10. 백혈병

- 혈액의 세포에 암이 생긴 질병.
- 비정상 세포는 과도하게 증식하고, 정상적인 백혈구 수는 감소함.
- 급성과 만성이 있음.
- 급성 : 비정상적인 혈구만 증식함
- 만성 : 정상적인 혈구까지 포함해 증식함.

백혈병은 혈액에 생길 수 있는 최악의 질환으로, 혈액

의 세포 자체에 암이 생겨 비정상적인 세포가 증식하는 병을 가리킨다. 혈액 속의 비정상적인 세포는 증식하는 대신, 정상적으로 존재해야 할 백혈구, 적혈구, 혈소판 등이 감소하므로, 각각에 해당되는 기능이 떨어져 치명적이다.

백혈구 수가 감소하면 면역력이 떨어지고, 적혈구 수가 감소하면 어지럼증과 피로감 등 빈혈 증상이 생기며, 혈소판 수가 감소하면 코피가 자주 나는 등 출혈이 잘 일어나고 잘 멈추지 않는다. 또한 비정상적으로 증식한 세포 때문에 피로감, 고열, 두통, 피가 잘 나는 증상이 동반된다.

성인에게는 급성 골수성, 소아에게는 급성 림프구성 백혈병이 주로 발생

비정상 세포의 증식에 의해 백혈구, 적혈구, 혈소판 모두가 감소하는 질병이 급성 백혈병이며, 어느 세포에 발생하느냐에 따라 골수성 백혈병과 림프구성 백혈병으로 나뉜다. 급성 백혈병의 절반 이상인 65퍼센트를 차지하는 것이 급성 골수성 백혈병이다. 급성 림프구성 백혈병은 백혈구의 일종인 림프구 계통의 세포에 암이 발생한 것으로 주로 소아에게 많으며, 성인에게는 주로 급성 골수성 백혈병이 많이 발생한다.

혈액의 정상과 백혈병 비교

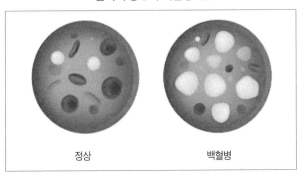

정상　　　　　　　　　　백혈병

　만성 골수성 백혈병은 이상 염색체를 가진 조혈모 세포가 골수 내에서 비정상적으로 증식하는 것이며, 전체 백혈병의 25퍼센트를 차지한다. 골수의 줄기세포가 제대로 분화하지 못하고 한 곳에서만 세포 분열과 비정상 증식이 일어나면 급성이고, 그 자체에 문제가 생겨 비정상 세포만 발생해 증식하면 만성이다. 급성은 빈혈, 피로감, 출혈 등 증세가 뚜렷하고 병이 빨리 진행되며, 만성은 증상이 별로 없고 느리게 진행된다.

백혈병을 치료하기 위해 비정상적으로 증식한 세포를 죽이는 화학요법을 주로 활용하며, 골수이식 수술을 하는 경우도 있다. 최근에는 표적항암제가 개발되면서 생존율이 높아졌다.

1. 혈행 개선과 혈관 건강은 영양요법에 있다

　혈관은 우리 몸의 도로와도 같다.

　고속도로와 국도, 동네의 작은 길까지 크고 작은 도로가 있는 것처럼 혈관도 대동맥부터 모세혈관까지 다양한 크기로 분포하고 있다. 도로를 통해 이동하며 적재적소에 물자를 공급하고 필요한 곳으로 이동하는 것처럼, 혈관을 통해 우리 몸의 모든 조직에 필요한 산소와 영양소를 공급하고 노폐물을 처리한다.

　따라서 우리 몸이 정상적으로 기능하기 위해서는 혈관 내 혈액의 흐름인 혈행이 원활해야 한다. 도로가 막히면 정체 현상이 발생하고 이동에 문제가 생기는 것처럼 혈행이 망가지는 것은 만병의 근원이다.

혈행 건강은 곧 건강의 지표

이유를 알 수 없는 질병으로 오랫동안 고통받는 만성 질환자의 경우 혈행 건강에 문제가 생긴 것이라고 해도 과언이 아니다.

심혈관 질환, 고혈압, 암, 당뇨병, 뇌혈관 질환을 앓고 있는 사람은 대개 혈액이 혈전으로 오염되어 있거나 혈액 세포가 비정상적으로 변형되어 있으며, 혈관 내벽이 협착, 파열, 폐색 혹은 염증이 발생해 있는 것을 볼 수 있다. 대동맥뿐만 아니라 모세혈관 구석구석까지 망가진 경우가 많다.

혈액이 오염되고 혈관이 망가져 혈행이 원활하지 않은 상태가 지속되면 신체 내의 순환도 잘 안 되어 각 장기의 기능이 떨어진다. 그뿐만 아니라 노폐물을 제대로 체외로 배출하는 기능에도 문제가 생긴다. 노폐물을 제대로 배출하지 못하면 신장 질환을 비롯해 아토피, 습진, 두드러기 같은 각종 피부병이 발생한다.

혈행을 살리는 영양요법

혈액과 혈류, 혈관과 혈행이 건강해진다는 것은 전국의 고속도로와 국도가 막히지 않고 교통 상황이 원활해지는 것과 같다. 세포에 산소와 영양소가 제대로 공급되고 노폐물이 정상적으로 배출되어 제 기능을 한다.

따라서 혈행이 건강해지면 심혈관 질환, 뇌혈관 질환, 고혈압, 당뇨병 등 각종 난치성 질환으로 인한 증상들이 눈에 띄게 완화된다. 알레르기 비염과 아토피 피부염, 두통과 만성피로처럼 현대인의 상당수가 앓고 있는 원인 불명의 질환도 개선되는 것을 볼 수 있다.

혈행 건강을 정상으로 되돌리기 위해서는 무엇보다 혈행에 도움되는 영양소를 제대로 섭취해야 한다. 운동과 건강한 생활습관을 병행하며 영양소를 보충하면 혈관의 나이가 젊어지고 혈행 건강을 되찾을 수 있다.

2. 혈행 개선을 돕는 건강한 영양소는 무엇?

1) rTG 오메가-3

- 혈액 응고를 방지하여 혈행을 개선시키는 가장 강력한
  무기
- 오메가-3 종류 중에서 가장 체내 이용률이 높은 순도
  높은 형태

비정상적으로 혈액이 응고하는 것을 막아주어 혈액의 흐름을 건강하게 유지하는 데 도움을 준다. 또한 간에서 중성지방의 합성을 방해하여 혈액 중 건강한 중성지방을 유지하는 데 도움을 줄 수 있다. EPA 또는 DHA와 같은 유지에 들어 있다.

EPA(eicosapentaenoic acid) **란?**
- 안구 뒤쪽의 망막세포, 대뇌 해마세포의 주성분
- 식물성 플랑크톤, 클로렐라 등에 많이 함유

- 플랑크톤과 클로렐라를 먹이로 삼는 해양 포유류와 등푸른생선에 함유
- 음식물 섭취를 통해서만 얻을 수 있음
- 콜레스테롤 제거 및 혈행을 원활히 하여 뇌 기능을 촉진하는 데 도움
- 혈전 예방, 류머티스성 관절염, 심혈관 질환, 폐 질환 예방과 치료에 효과적
- 암세포를 억제하는 작용

DHA(docosa hexaenoic acid)란?

- 불포화지방산의 일종
- 탄소 수 22개, 이중결합 6개의 ω (오메가)-3 계열의 고도 불포화지방산
- 식물 플랑크톤과 해조류가 주로 합성함
- 어류, 갑각류, 조개류가 DHA를 함유한 플랑크톤이나 해조류를 섭취함으로써 체내에 중성지방의 형태로 축적함
- 등푸른생선(참치, 고등어, 꽁치, 방어, 정어리 등)에 많이 함유

- DHA가 들어있는 음식을 섭취해야만 얻을 수 있음

- 두뇌, 망막을 구성하는 성분으로 두뇌 영양 공급에 도움

- 콜레스테롤을 낮춰줌

이거 알아요?

오메가-3의 형태, 무엇이 있을까?

TG형 오메가-3

→ 자연 형태의 오메가-3로 포화지방산이 다량 포함되어 있는 형태이다.

EE형 오메가-3

→ TG형에서 포화지방산을 제거한 후 농축률을 높여 에탄올과 결합한 형태이다.

rTG형 오메가-3

→ 포화지방산과 불순물을 제거한 기술로 흡수율과 순도가 높으며 체내 이용률을 높인 형태이다.

오메가-3 섭취 시 중금속 왜 주의해야 하나?

중금속 오염도가 낮은 안전한 오메가-3를 섭취해야 하는 이유!

먹이사슬 구조의 상위에 위치한 생물들(예: 고래, 참치 등)은 하위에 위치한 생물이 지닌 중금속까지 함께 먹기 때문에 중금속 오염도가 높아진다. 반면에 먹이사슬 구조의 최하위에 위치한 멸치나 정어리 같은 소형 어류는 플랑크톤을 주로 섭취하므로 중금속 등의 해양 오염으로부터 안전하다.

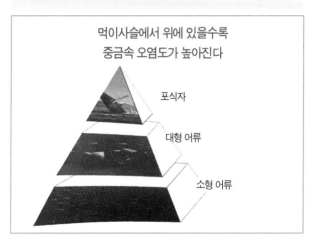

먹이사슬에서 위에 있을수록
중금속 오염도가 높아진다

포식자

대형 어류

소형 어류

2) 감귤 껍질 추출물

- 감귤류 과피 추출물(JBB): 감귤류의 과피 추출물로부터
  분리, 정제된 헤스페리딘 또는 나린진을 포함하는 물질
- 심장병, 동맥경화증, 고지혈증 등 심혈관 질환 예방 및
  간질환 치료에 효과를 지닌 조성물

예로부터 감귤류의 껍질은 비타민C가 풍부해 감기 예방과 피로 회복에 도움 되고 면역력을 향상시키며 기관지 질환 치료와 예방, 항산화 작용에 도움이 된다고 알려져 있다. 한방과 민간요법에서도 소화를 원활히 하고 가슴 답답한 것을 풀어준다고 하여 약재와 차로 활용하였다.

〈감귤 껍질의 효능〉

- 혈액 순환 개선
- 모세혈관 탄력성 증가
- 혈관강화제
- 심혈관 질환, 간 기능 개선, 혈당 강하, 당뇨병 예방 및 치료

- 바이러스성 질환, 알레르기성 질환, 염증, 치매 예방 및 치료
- 면역 체계 강화와 항암 효과
- 종양 크기 감소: 감귤 껍질을 먹인 쥐의 종양이 68% 감소한 연구 결과로 감귤 껍질의 항염증 작용 입증
- 인터페론감마 생산량: 감귤 껍질을 먹인 쥐에서 항암 작용에 중요한 역할을 하는 인터페론감마의 생산량이 4배 증가

이거 알아요?

헤스페리딘(Hesperidin)이란?

- 감귤류 과일에 존재하는 플라보노이드계 색소 중 플라바논 배당체
- 감귤, 오렌지, 레몬 등 감귤류 껍질의 과육과 흰 부분에 포함
- 항산화 및 항염증 효과, 모세혈관 보호, 항암 효과, 콜레스테롤 저하 효과
- 혈중 중성지방 및 혈중 콜레스테롤 저하
- 몸에 좋은 HDL 콜레스테롤 상승

나린진(Naringin) 이란?

- 플라보노이드계 색소의 배당체
- 감귤의 과피, 과즙, 종자에 함유
- 쓴맛을 지닌 무색 혹은 엷은 황색의 결정
- 항균, 항암, 항산화 작용

3) 은행잎 추출물

- 기억력 개선과 혈행 개선에 탁월한 재료
- 혈관을 확장하고 혈전을 방지하는 기능

은행잎은 예로부터 우리나라뿐만 아니라 중국, 일본 등에서 약재로 사용되어온 재료이다. 한방에서 은행잎은 어혈을 제거하고 피를 잘 돌게 하여 순환을 돕고 통증을 줄여준다고 하였다. 현대에 들어서는 동맥 혈관이 막혀 나타나는 여러 증상과 치매, 대뇌부전 등에서 긍정적인 효과가 있다고 보고되고 있다.

건강한 사람의 혈액은 혈관 속에서 응고하는 일이 없으나, 혈관 내피의 손상 또는 염증, 동맥경화 등에 의한 이상이 발생한 경우 혈전이 발생한다. 심장의 관상동맥에 혈전이 생기면 심근경색, 뇌에 생기면 뇌혈전이 발생한다. 은행잎 추출물은 이러한 혈관 질환을 포함해 치매와 성인병을 예방하는 데 효과가 입증되어 오늘날 광범위하게 개발 및 활용되고 있다.

〈기능성 원료 은행잎 추출물의 인체 적용 시험 결과〉

- 학습 효율 개선
- 단어, 색채 기억력 개선
- 작업 기억력 개선
- 혈관 확장 개선
- 혈액 점성 개선
- 혈소판 응집 감소

4) 비타민E

- 강력한 항산화 작용
- 유해산소로부터 세포를 보호하는 데 필요한 영양소
- 혈전 예방 및 심혈관 질환 예방
- 해바라기씨, 유채씨, 마가린, 기름기 있는 생선, 갑각류, 견과류에 함유

비타민E는 세포막을 유지시키고 유해산소로부터 세포 노화를 막아주는 항산화작용을 하는 대표적인 영양소이다. 자연에 널리 분포되어 있으며 섭취한 양의 약 30~50퍼센트 정도가 흡수되며, 지용성 비타민으로 식이지방과 같이 섭취하면 흡수율이 증가한다. 또한 T림프구 기능을 정상화시켜 면역력을 높여준다.

특히 비타민E는 심혈관 질환을 예방하는 가장 대표적인 영양소로 꼽힌다. HDL 콜레스테롤의 막에 있는 다가불포화지방산의 산화로 인한 손상을 방지하며, 산화된 다가불포화지방산에 의한 세포 산화 속도를 늦춰준다.

또한 유익한 콜레스테롤인 HDL 콜레스테롤 수치를 높이고, 혈전을 방지하여 혈관 기능을 보호한다. 실제로 비타민 E를 많이 섭취한 사람들에게서 심장병 발생률이 낮게 나타났다.

5) 비타민A

- 어두운 곳에서 시각 적응을 위해 필요
- 피부와 점막을 형성하고 기능을 유지하는 데 필요
- 상피세포의 성장과 발달에 필요
- 동맥경화증 예방
- 동물의 간, 생선의 간유, 달걀, 채소(당근, 시금치), 해조류(김, 미역)에 함유

비타민 A는 동물성 식품과 식물성 식품에 함유되어 있는 영양소로서, 식물성 식품에는 주로 녹황색 채소에 카로티노이드의 형태로 들어 있다.

카로티노이드는 비타민A의 전구체로서, 과일과 채소

의 붉은색, 녹황색, 노란색 등을 내는 색소이다. 카로티노이드는 항산화 작용을 하며 동맥경화증을 예방하는 성분이다.

또한 비타민A는 지용성이기 때문에 지방과 결합해야만 체내로 흡수된다.

비타민A가 부족하면 야맹증과 안구건조증, 각막연화증이 생기며 활성산소가 많아져 면역력이 저하된다.

6) 비타민D

- 칼슘과 인이 흡수되고 이용되는 데 필요
- 뼈를 형성하고 유지하는 데 필요
- 부족시 심혈관 질환 발생 확률 높아짐
- 등푸른생선, 간, 달걀 노른자, 버섯에 함유

비타민D는 햇빛을 쐬어야 얻을 수 있는 영양소다. 햇빛을 쐬면 피부에 있던 콜레스테롤 유사물질이 비타민D의 전구물질로 바뀌기 때문이다.

그러나 현대인은 햇빛을 통해 비타민D를 얻기가 쉽지 않다. 우선 실내생활을 많이 해 일조량이 부족할뿐더러 도시의 하늘은 미세먼지 등 대기오염으로 인해 자외선이 통과하는 양이 줄어든다. 위도가 높은 나라들은 자외선이 땅까지 도달하기 어렵다. 또한 햇빛을 많이 쬘 때 피부암 위험도 늘어나기 때문에 주의해야 한다.

햇빛을 충분히 쐬지 못하는 고위도 지역일수록 심혈관 질환 발생률과 사망자가 높고, 햇빛에 많이 노출되는 지역일수록 심혈관 질환 사망률이 낮은 현상을 통해 비타민D와 심혈관 질환의 연관성이 발견되었다.

비타민D는 심혈관 질환, 고혈압, 뇌졸중과 연관이 있으며 부족하면 해당 질환의 발병률과 사망률이 증가한다. 우리 몸의 세포는 비타민D 수용체를 가지고 있어 이 수용체를 통해 혈행과 심혈관계에 관여한다.

연구 결과에 의하면 우리나라 사람들은 대부분이 비타민D 결핍이라고 한다. 따라서 반드시 따로 섭취하여 비타민D를 보충해야 한다.

7) 아연

- 면역 기능, 세포 성장, 세포 분열, DNA 생산, 상처 회복,
  효소 활성에 필요한 원소
- 미량이지만 반드시 필요
- 육류, 굴, 게, 새우, 조개류 등 동물성 식품에 함유

아연은 우리 몸의 필수 무기질이자 효소의 구성요소로, 세포의 성장과 면역, 생식 기능, 조직과 골격 형성에 관여한다.

다양한 동물성 식품에 들어 있어 아연결핍증이 나타날 경우는 많지 않지만, 체내 다양한 면역 기능 및 세포 기능에 필수적인 무기질이기 때문에 필요량을 지속적으로 섭취하는 것이 좋다. 당뇨병 환자의 경우 중요 영양소가 소변으로 많이 배출되므로 아연결핍증도 나타날 가능성이 높다.

아연 결핍증이란?

- 미량이지만 필수적인 성분인 아연이 부족한 상태
- 영양실조, 채식 위주의 식사를 하는 사람, 임신부, 수유부, 당뇨병, 신장 질환, 간 질환, 암 환자의 경우 결핍될 수 있음
- 성장 장애, 면역 기능 약화, 감염에 취약, 염증 발생, 식욕 저하, 체중 저하 등의 증상

Q1. 혈행 건강 제품을 공복에 섭취해도 괜찮은가요?
A1. 공복이나 식전보다는 식후 섭취를 추천합니다.

공복에 섭취해도 좋지만 개인차에 따라 속이 불편한 느낌을 받을 수 있으므로 공복보다는 식후 섭취를 권장하고 있습니다.

Q2. 평소 생선을 자주 먹는데 꼭 오메가-3를 섭취해야 하나요?
A2. 별도로 섭취하는 것이 좋습니다.

생선을 많이 섭취한다 하더라도 실제로 생선 살에는 오메가-3가 많이 함유되어 있지 않습니다. 오메가-3는 주로 생선의 눈 뒤 지방조직, 내장, 생선 껍질에 포함되어 있기 때문에 생선 살 섭취만으로는 생각보다 오메가-3 충분량을 충족하기 어려울 수도 있습니다.

따라서 하루에 필요한 양을 섭취하기 위해서는 건강식품의 형태로 섭취하여 흡수율을 높이는 것이 중요합니다.

Q3. 채식 위주의 식사를 하는 사람도 섭취해야 할까요?

A3. 반드시 별도로 섭취하는 것이 좋습니다.

식이요법을 할 경우에는 특정 영양소가 결핍될 수 있습니다. 또한 현대인의 식습관 특성상 일부 영양소가 부족해 질 수 있으므로 주의해야 합니다.

특히 오메가-3는 우리 몸에 꼭 필요하면서도 정작 체내에서는 충분히 합성되지 않기 때문에 별도로 섭취하는 것이 필요합니다.

Q4. 아이와 함께 먹어도 되나요?

A4. 어린이, 청소년, 성인 모두가 함께 섭취해도 됩니다.

중금속 오염이나 잔류 용매로부터 안전하다고 검증된 영양보조제를 선택하는 것이 중요하며, 성인뿐만 아니라 성장기 어린이나 청소년의 건강 관리에 큰 도움이 됩니다.

Q5. 암 환자가 섭취해도 도움이 될까요?

A5. 혈행을 개선해 전반적인 신체 기능을 회복하는 데 도움이 됩니다.

암 환자의 혈액을 현미경으로 살펴보면 적혈구가 정상적이지 않은 형태로 변형되어 있는 모습을 볼 수 있습니다. 암은 우리 몸에 비정상적인 세포가 증식한 것이기 때문에 평소에 혈행 건강이 악화되어 있을수록 암 발병 확률이 높아질 수 있습니다.

따라서 암이 발병할 정도로 악화된 신체 기능과 혈행

건강을 정상화시키는 것은 암의 진행 속도를 늦추고 나아가 암세포 증식을 예방할 수 있는 몸 상태를 만드는 것입니다. 그러기 위해서는 가공식품을 제한하고 자연식 위주로 식생활을 개선하고, 비타민과 미네랄을 골고루 섭취하며, 가벼운 운동을 통해 혈액 순환을 촉진하는 등 기본적인 생활습관 개선이 반드시 필요합니다. 여기에 오메가-3가 포함된 영양제 섭취를 통해 혈행 건강을 개선시키는 것이 큰 도움이 될 것입니다.

섭취 후 이렇게 달라졌어요

1. 지방간 수치가 처음으로 정상을 찍었습니다.

- 53세, 남성

직업상 영업과 비즈니스 접대를 많이 해야 하다 보니 저에게 술자리는 일의 연장선상에 있었습니다. 사실 젊었을 때부터 술은 누구에게도 안 진다고 생각했습니다. 그러나 '세월 앞에 장사 없다'는 말처럼 나이가 들면서 점점 술이 약해지는 것을 느꼈습니다. 결정적인 문제는 언제부턴가 술을 마시면 금방 만취하고 다음 날 피로감이 심해져 한 이틀 꼼짝도 하지 못한다는 것이었습니다.

안색이 부쩍 안 좋아졌다며 아내가 걱정을 많이 해, 성화에 못 이겨 종합건강검진을 받게 되었는데 결과에 충격을 받았습니다. 복부지방이 심해 체중 감량을 해야 하고 무엇보다 지방간 수치가 너무 안 좋게 나왔습니다. 물론 이전에도 건강검진은 계속 받았으나 수치가 나쁘지는 않았고 비정상 수치가 나와도 그냥 그러려니 했었습니다. 의사 말로는 지방간이 위험 수준이라 이대로 두면 간염이나 간경변으로 진행될 수 있다며 당장 술을 끊을 것을 권했습니다. 당연히 고지혈증도 있었고 콜레스테롤 수치도 위험 수준이었습니다.

이 일을 계기로 난생 처음 건강에 대해 위험의식을 느껴 본격적으로 관리를 시작했습니다. 아내의 도움으로 식단을 채소와 두부, 잡곡 위주로 바꾸고, 만보 걷기 운동도 작심하고 시작했습니다. 술 없이 사람을 어떻게 만나나 했는데 의외로 물이나 음료수로 바꿔 마셔도 일하는 데 큰 지장이 없더군요. 특히 아내 권유로 혈행에 좋다는 오메가-3와 항산화 영양소가 함유된 영양제를 매일 꼬박꼬박 먹기 시작한 지 10개월, 다시 병원을 내원했는데 놀랍게도 지방간 수치가 정상 범위로 돌아왔고 체중도 5kg 이상 감량이 되었습니다.

이제는 술 앞에 자만하지 말고 지금의 생활습관과 건강보조제 복용을 유지하려고 합니다. 건강은 한 번 잃으면 돌이킬 수 없으니까요.

2. 뇌경색으로 인해 몸이 휘청거리는 증상이 사라졌어요.

- 60세, 남성

평소에 고기와 술을 좋아하고 평생 담배를 피우며 살았지만 건강에는 별 문제가 없다고 자부하고 살았습니다. 약 먹는 것을 좋아하지 않아 웬만해서는 병원도 거의 가지 않았습니다.

어느 날부터인가 손끝이 저릿하고 마비되는 느낌이 있었지만 대수롭지 않게 여기고 지냈습니다. 그런데 어느 날 집을 나서다가 갑자기 머리가 어지럽고 다리가 휘청거려 걷지 못할 정도로 심각한 증상이 나타났습니다.

난생 처음 큰 병원에서 검사를 한 결과 뇌경색 초기 증상이라는 청천벽력 같은 이야기를 들었습니다. 아직 중증이 아니라 초기 단계라고는 하였으나, 치료하지 않을 경우 마비나 언어장애, 치매, 죽음에도 이를 수 있다는 의사의 말을 듣고 겁이 덜컥 났습니다.

우선 의사의 권고에 따라 식단을 대대적으로 조절하

여 기존 육식 위주의 식사에서 채소류를 늘렸습니다. 평소에 물을 자주 마셔 노폐물 배출을 돕고, 유산소운동을 위해 매일 걷기를 실천하였습니다. 또한 오메가-3, 비타민A, E, D, 아연 등 항산화 작용을 하고 혈전을 방지하여 심혈관 기능 유지에 필수적인 영양소들이 들어 있는 영양제를 매일 꾸준히 섭취하기 시작하였습니다. 담배를 줄이고 술도 금주에 가까운 생활을 유지하기 위해 노력했습니다.

7개월이 지난 지금 어지럽거나 휘청거리거나 손끝이 마비되는 증상은 더 이상 나타나지 않습니다. 지금처럼 생활 관리와 영양소 섭취를 지속해 혈행 건강을 되찾고자 합니다.

3. 고지혈증과 지방간이 있었는데 수치가 개선되었어요.

직업 특성상 아침부터 밤까지 종일 앉아서 컴퓨터 작업을 해야 하는 일을 10년 넘게 해왔습니다. 마감 때는 스트레스도 많아서 하루에도 여러 잔씩 커피를 달고 살았습니다. 또 밤늦게 일할 때는 주로 자극적인 배달 음식을 시켜 맥주와 곁들여 먹곤 했습니다. 그때가 유일하게 스트레스를 풀 수 있는 시간이었기 때문이죠.

20대, 그리고 30대 때는 늘 힘들다고 생각하면서도 그냥 견디면서 살았습니다. 바쁘다는 핑계로 건강검진도 건너뛰거나 관심을 갖지 않았고 너무 피곤할 때는 커피나 카페인 음료로 버텼습니다.

그러나 언제부턴가 하루이틀 쉬어도 피로감이 가시지 않고 늘 다크서클이 생기고 피부에 염증이 자주 생기며 주변 사람들로부터 '아파 보인다'는 이야기를 자주 들었습니다. 살도 많이 찌고 체중이 늘었는데 그냥 나잇살인 줄 알고 있었습니다.

그러던 중 종합검진을 하면서 혈중 콜레스테롤 수치와 중성지방 수치에서 고지혈증 소견을 받게 되었고 아울러 지방간 진단도 받게 되었습니다. 의사선생님은 혈액에 찌꺼기가 가득한 상태라고 설명해주셨습니다. 한 번도 생각하지 못했던 부분이라 수치에서 충격을 받았습니다.

그 후 크게 마음먹고 이직을 하여 업무량을 줄이고, 커피와 배달 음식, 인스턴트와 고지방 식사 패턴을 완전히 바꾸며 건강식으로 변화를 주었습니다. 일주일에 세 번 운동을 시작하고 휴식을 취하며 영양제를 매일 섭취했습니다.

1년이 지난 지금 다시 검사를 하자 콜레스테롤과 지방간 수치가 거의 정상에 가까워질 정도가 되었고 무엇보다 피로감이 줄어 살 것 같습니다. 앞으로도 수치가 더욱 정상 범위에 들어갈 수 있도록 노력할 계획입니다.

4. 만성 두통과 어지럼증이 사라졌어요.

- 46세, 남성

예전부터 신경을 많이 쓰고 스트레스를 받으면 머리가 지끈거리고 심할 때는 띵하고 어지럼증이 많이 왔습니다. 두통약을 상비약처럼 두고 종류별로 복용했지만 그때뿐이고 습관적으로 두통이 생겼습니다. 머리가 아플 때마다 짜증도 나고, 머리뿐만 아니라 목과 어깨가 결리고 뻣뻣한 느낌이 들어 온몸이 편치 않았습니다. 또한 피곤할 때마다 어지럼증과 현기증이 자주 나타났는데, 검사 결과상 빈혈은 아니었습니다.

어떤 특정 질병 때문이 아닐까 싶어서 건강검진도 받고 병원에서 MRI와 CT도 찍어봤지만 별다른 이상은 없다고 하였고 스트레스로 진단받았습니다. 다만 혈압이 고혈압 주의 단계로 다소 높은 편이기 때문에 주의해야 한다고 했습니다. 무엇보다도 식습관과 생활습관이 올바른지, 휴식과 운동량은 적당한지 점검해보라고 하였고, 혈액 순환이 잘 되지 않는 경우에도 두통이 잦을 수 있으므로 전반적인 개선이 필요하다는 조언을 들었습니다. 병원에서 처방받는 약이나 약국에서 구입하는 두통약만으로는 근본적인 치료가 되기 어렵다는 소견이었습니다.

의사와 전문가의 소견을 종합한 결과, 생활상의 전반적인 개선과 변화가 없이는 계속해서 지겨운 두통에 시달릴 것이라는 결론이 나왔습니다. 그래서 혈행 건강에 좋은 오메가-3와 항산화 성분이 함유된 영양제를 매일 섭취하면서, 만보 걷기와 유산소 운동, 근력 운동도 시작했습니다. 라면이나 인스턴스 음식, 단 음식을 줄이고 매 끼니 샐러드와 콩류, 잡곡밥을 먹는 등 식단도 바꾸었습니다.

이런 생활을 유지한 지 약 9개월이 지났는데 확실히 전보다 두통이 줄고 어깨가 결리거나 상반신 전체가 무겁게 늘어지는 느낌, 어지러운 증상도 현저히 줄어들었습니다. 이제는 두통약에 의존하는 생활은 완전히 청산하고 싶습니다.

5. 아토피가 더 이상 악화되지 않습니다.

- 37세, 여성

어렸을 때부터 아토피 피부염으로 고생을 했습니다. 스테로이드 약물치료도 하고 몸에 좋다는 한약도 여러 번 지어먹으며 치료를 했는데, 20대 들어서 다소 괜찮아 지는가 싶더니 30대에 들어서면서 다시 가려움이 심해 졌습니다.

20대부터 직장 생활을 시작했을 무렵에는 아토피가 심하지 않았기 때문에 관리할 생각을 미처 하지 못했고, 평소에 육류, 양식, 맵고 달고 자극적인 음식, 과자와 빵, 인스턴트 음식을 무척 즐겨 먹었습니다.

또 시간이 별로 없다 보니 '운동을 해야지' 생각하면서도 작심삼일일 뿐, 헬스장에 등록했다가 흐지부지되는 일이 반복되곤 했습니다.

문제는 30대 이후부터 언제부턴가 가려움이 심해지고, 로션을 발라도 피부가 매우 건조해져 각질이 우수수 떨어지며, 밤에 온몸이 너무 가려워 잠을 이루지 못하는 날이 늘어났습니다. 다시 병원에 다니며 스테로이드제와 항히스타민제, 면역억제제 등을 복용하며 약물치료를 시작했지만 일시적인 효과일 뿐 재발에 재발을 거듭해 너무 괴로웠습니다.

병원을 다니던 중 '약에만 의존하는 것은 한계가 있다'는 조언을 듣게 되었고, 이후 아토피에 대해 스스로 정보를 찾아보던 중 이제까지의 생활습관과 식습관으로는 아토피가 치료되기 어렵다는 것을 깨달았습니다.

그래서 우선 식단을 바꿔 과자나 빵, 인스턴트를 제한하고 채소를 챙겨먹으면서, 피부 보습에도 적극 신경을 썼습니다. 무엇보다 오메가-3와 항산화성분이 든 영양제를 매일 복용하는 습관을 들였습니다.

생활 개선 후 1년쯤 지난 지금, 아토피가 더 이상 악화되지 않고 가려움과 각질도 전보다 훨씬 줄어든 것을 느낍니다.

앞으로 이러한 습관을 꼭 유지하려 합니다.

6. 만성피로가 줄어들고 몸이 가벼워졌어요.

- 35세, 여성

원래 건강에는 자신이 있었는데 언제부턴가 만성피로에 시달렸습니다. 주말에 종일 잠을 자고 쉬어도 피로가 가시지 않아 매주 월요일이 돌아오는 것이 두려울 정도가 되었습니다. 늘 몸이 파김치처럼 무겁고, 활력이 없고, '피곤해 죽겠다'는 말을 입에 달고 살았습니다. 스트레스를 술과 맛있는 안주로 풀 때도 종종 있었지만 이제는 숙취가 너무 힘들어 술 마시는 것도 꺼려지게 되었습니다.

그러던 중 대상포진에 걸린 것이 결정적이었습니다. 대상포진은 나이가 든 분들만 걸리는 병인 줄 알았는데 아직 젊은 제가 대상포진에 걸릴 줄 상상도 못했습니다. 한 번도 경험해본 적 없는 통증 때문에 너무 힘들었습니다. 걷는 것도 힘들 정도로 고통스러웠고, 진통제조차 안 들어서 스테로이드 처방을 받았지만 잘 낫지 않았습니다.

이 일을 계기로 생활 전반을 바꿔야겠다고 각성하게 되었습니다. 끼니를 거르거나 폭식을 하거나 불규칙하게 먹는 습관을 없애기로 하고, 전반적인 영양 상태도 개선해야겠다고 마음 먹었습니다.

결국 직장에 휴직계를 내고 쉬면서 영양제를 매일 섭취하고, 식단을 건강식으로 바꾸며, 운동과 휴식의 시간을 가졌습니다. 식이섬유 보충을 위해 채소와 해조류를 많이 먹고, 매일 같은 시간에 식사를 하고 잠을 자는 등 규칙적인 생활을 유지했습니다.

6개월이 지난 지금 통증이 한결 줄어들고 피로도 확실히 덜 느끼게 되었습니다. 몸도 훨씬 가벼워지고 아침에 일어날 때도 전보다 개운한 느낌이 듭니다.

⇨ 내 몸을 살리는 시리즈는 계속 출간 됩니다.

독자 여러분의 소중한 원고를 기다립니다

독자 여러분의 소중한 원고를 기다리고 있습니다.
집필을 끝냈거나 혹은 집필 중인 원고가 있으신 분은
moabooks@hanmail.net으로 원고의
간단한 기획의도와 개요, 연락처 등과 함께 보내주시면
최대한 빨리 검토 후 연락드리겠습니다.
머뭇거리지 마시고 언제라도
모아북스 편집부의 문을 두드리시면
반갑게 맞이하겠습니다.